博物馆里的动物世界

河北博物院/编著

天津出版传媒集团

新蕾出版社

编委会	策划：罗向军
	审订：徐艳红
	主编：刘卫华
	副主编：王晓阳　张晓鹏
	文物手绘图设计：张雪竹

图书在版编目(CIP)数据

博物馆里的动物世界 / 河北博物院编著 . -- 天津：新蕾出版社，2020.4
　　ISBN 978-7-5307-6833-4

Ⅰ.①博… Ⅱ.①河… Ⅲ.①动物—儿童读物 Ⅳ.① Q95-49

中国版本图书馆 CIP 数据核字 (2019) 第 248838 号

书　　名：	博物馆里的动物世界　BOWUGUAN LI DE DONGWU SHIJIE
出版发行：	天津出版传媒集团
	新蕾出版社
	http://www.newbuds.cn
地　　址：	天津市和平区西康路 35 号（300051）
出 版 人：	马玉秀
电　　话：	总编办 (022)23332422
	发行部 (022)23332679　23332677
传　　真：	(022)23332422
经　　销：	全国新华书店
印　　刷：	北京盛通印刷股份有限公司
开　　本：	880mm×1230mm　1/20
印　　张：	4.5
版　　次：	2020 年 4 月第 1 版　2020 年 4 月第 1 次印刷
定　　价：	49.00 元

著作权所有，请勿擅用本书制作各类出版物，违者必究。
如发现印、装质量问题，影响阅读，请与本社发行部联系调换。
地址：天津市和平区西康路 35 号
电话：(022)23332677　邮编：300051

序

　　河北博物院对"战国雄风——古中山国""大汉绝唱——满城汉墓"两个精品展览中的动物造型文物进行巧妙演绎,开发了针对学龄前儿童的互动式亲子学习项目"博物馆里的动物世界"。它充满了童趣,沟通了古今,架起了连接文物与儿童心灵的虹桥。"猛兽历险记""神兽幻想记""萌物总动员"和"人与动物缘"四个特色分明的主题单元把凶猛的、神秘的、呆萌的以及能够与人和谐相处的动物分别"集合"起来,营造出"动物世界"的情境,让文物跨越千年走进孩子们的心里,焕发出勃勃生机。

　　"博物馆里的动物世界"互动式亲子学习项目曾荣获"2015—2017年度中国博物馆青少年教育项目优秀奖"。该项目在实施过程中编写了图文并茂的教材,本书就是在教材的基础上编辑整理的作品。书中内容充分融合了儿童多元智能发展的理念,孩子可以与家长共同阅读、共同探索、多重互动,在润物细无声中促进亲子情感交流。本书语言活泼、画面生动,有

充满趣味性的游戏,还可以扫描二维码听故事,可以让幼儿在阅读、绘画、游戏等充满趣味的活动中发展语言表达、数字概念、空间想象、艺术创作等多方面的智能,是一本适合3—6岁儿童与父母共同分享的创意读物。

"博物馆里的动物世界"是一个富于创造性的教育项目,本书的出版是一项具有开创意义的工作。希望博物馆界能够涌现出更多独具特色的儿童教育项目,不断出版更多的优秀儿童读物,从而让更多的孩子在博物馆留下美好的童年记忆,在博物馆获得快乐成长的巨大力量!

中国博物馆协会社会教育专业委员会主任委员

中国国家博物馆研究馆员

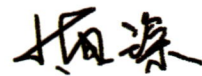

序

畅游动物世界　开发多元智能

　　博物馆是面向公众的文化园地，儿童是蓓蕾初绽的花朵。博物馆为儿童打开了一扇通往美好世界的大门，文化的浸润、文明的熏陶、艺术的感染，播撒在儿童幼小心灵中的种子会在他们成年后开出璀璨的人生花朵。儿童的世界与成人是不同的，如何让儿童尤其是那些学龄前儿童爱上博物馆，如何让高冷神秘的文物变得可亲可爱，是博物馆面临的一大挑战。

　　近年来，河北博物院在儿童教育项目的开发方面进行了不懈的努力，结合儿童的认知特点，以科学理论为指导，积极开发和实施了"博物馆里的动物世界"互动式亲子学习项目。项目从2013年10月开始推出，经历了一个不断完善的探索过程，有了丰富的收获。本书就是在"博物馆里的动物世界"互动式亲子学习项目开发和实施的基础上编写的。

　　《博物馆里的动物世界》一书面向3—6岁的儿童。这一阶段的儿童智能发展刚刚跨过模仿阶段，开始掌握一定的初级符号，如语句、数字等，注意力不容易长时间集中，兴趣是影响他们学习积极性的重要因素。儿童都比较喜欢动物，河北博物院展出的文物中也有种类丰富、姿态各异的动物造型，为此我们设定了"博物馆里的动物世界"这个主题。确定主题后，教育人员精心选择了一批具有代表性的动物造型的青铜器，并根据这些动物造型文物的特点进行了分类，最终确定了四个章节："猛兽历险记""神兽幻想记""萌物总动员"和"人与动物缘"。

"猛兽历险记"主要介绍老虎、雄鹰等动物造型的文物，让孩子们认识体形威猛的动物；"神兽幻想记"让孩子们了解龙、凤、双翼神兽等具有神秘色彩的动物；"萌物总动员"让孩子们了解羊、鹿、小熊、小豹子等可爱的动物；"人与动物缘"通过解读文物中人与动物的关系，让孩子们了解该如何与动物和谐相处。

《博物馆里的动物世界》的指导理念借鉴了美国著名心理学家、教育学家霍华德·加德纳提出的多元智能理论（Multiple Intelligence Theory）。他认为人的智能由语言智能、数理逻辑智能、空间智能、音乐智能、身体运动智能、自我认知智能、人际智能、自然观察智能和存在智能构成。各种智能之间相互制约和影响，优势智能的充分发展有赖于环境和教育的影响。借鉴这一理论，《博物馆里的动物世界》以丰富的内容和形式促进儿童多元智能发展，每个章节都由多个板块组成：

"猜猜我是谁"板块，教育人员会引导孩子们寻找、发现文物，增强其对文物空间位置、造型特点的认识，调动儿童的空间智能；

"和我比一比"或"仔细看一看"板块，在教育人员的启发下，孩子们会根据日常知识积累，辨识出文物上的动物，激发其自然观察智能；

"我的本领大"板块，通过文物和现实生活中各种器具的对比，让孩子们认识文物的作用，锻炼儿童的数理逻辑智能；

"我来大揭秘"板块，通过学习了解不同动物的特点，启发孩子认识自身长处与可以承担的任务之间的关系，激发他们的自我认知智能；

"我们聊一聊"板块，可以让孩子之间、孩子与家长之间通过语言表达自己对动物和文物的认识与理解，锻炼儿童的语言智能；

"一起动动手"板块，孩子们通过与家长共同绘画、做游戏等形式认知动物形象，发展他们的空间智能和身体运动智能。

每一个板块的内容都对应儿童智能发展的特定方面，各板块的内容又相互融合，能最大限度地促进儿童智能的全面发展。"博物馆里的动物世界"互动式亲子学习项目让越来越多的学龄前儿童爱上了博物馆。为了让更多的家长和小朋友了解精美的动物造型文物，现在我们又将这个项目的主要内容编写成《博物馆里的动物世界》这本图书，家长可以结合书中的内容与孩子共同探索、相互交流，一起在文化的馨香中感受亲情的温暖、享受生活的美好！同时，本书又综合了博物馆参观体验、多媒体展示、讲故事、做游戏等不同形式，让孩子们在学中玩、在玩中学。

博物馆对儿童进行教育，不仅仅是传授知识，更是启发智慧、滋润生命。《博物馆里的动物世界》的阅读过程就是一个儿童探索、发现的过程，是儿童释放情感、享受快乐的过程。本书的很多环节都可以以家庭亲子活动的形式进行，父母与子女平等交流、共同学习、共同成长，营造出亲切温馨、其乐融融的气氛。家长与孩子共同参与，一起享受在书中畅游博物馆的美好时光，这种独特体验一定会在孩子心中留下深刻的记忆。这种充满文化韵味和情感内涵的记忆，将唤醒儿童对美的感悟、对爱的体验，是对儿童情感和心灵的莫大滋养。

河北博物院社会教育部主任、研究馆员

目 录

小导游来报到 / 1

猛兽历险记 / 5

神兽幻想记 / 23

萌物总动员 / 41

人与动物缘 / 59

小导游来报到

小朋友，你好！欢迎来到"博物馆里的动物世界"，我是小导游博乐，很高兴认识你！

博物馆是一座神秘的乐园，里面有很多有趣的动物：有健壮威猛的猛兽，有神秘莫测的神兽，有呆萌可爱的萌兽……它们神态各异、妙趣横生，充满独特的艺术创造力，蕴含丰富多彩的故事。

作为小导游，我非常高兴能带领大家与博物馆里的动物们进行亲密接触，请大家随我一起看文物、学知识、做游戏，共同进行一场充满乐趣的"博物馆里的动物世界"的探索之旅吧！

的动物世界

人与动物区

萌物区

"博物馆里的动物世界"就在河北博物院南区2楼展厅哟,欢迎你来与"动物"们面对面!

出口

　　小朋友，你知道吗？河北省及周边地区也被称作"燕赵之地"，这是因为在2000多年前的春秋战国时期，有两个强大的诸侯国"燕"和"赵"曾经统治着现在的河北一带。但是我要告诉你一个秘密，其实当时河北境内还有一个神秘的国家——中山国！它位于现在太行山东麓的石家庄、保定一带，是由白狄族建立的国家。这个国家的人民不但英勇善战，而且心灵手巧，能工巧匠们制作了很多精巧又美观的物品。你是不是很奇怪，博乐我为什么知道中山国的故事呢？因为我的原型就是中山国的童子小玉人哟！

　　中山国鼎盛时期的国王叫䰯（cuò），他非常喜欢体形威猛的动物，比如森林之王老虎、天空霸主老鹰、力大无穷的犀牛……心灵手巧的中山国工匠们就用青铜把这些动物打造出来，来显示国王的威严。这些动物一个个神气活现，看起来就像真的一样！现在，就请你跟我一起走进"博物馆里的动物世界"之猛兽区，开始奇妙的"猛兽历险记"吧！

猛兽历险记

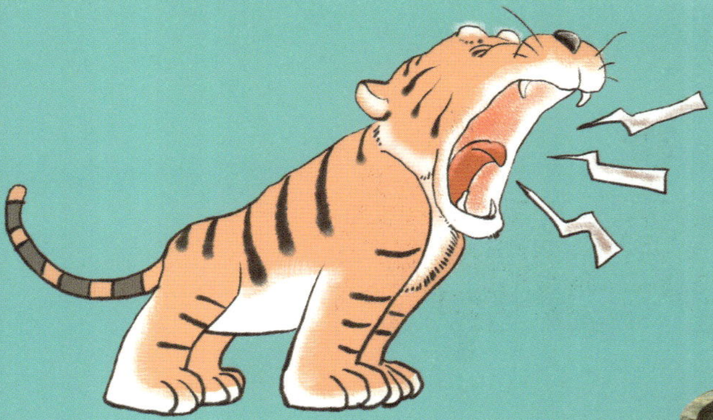

猜猜我是谁

这个环节欢迎家长和孩子共同参与哟,请家长鼓励并引导孩子积极思考、主动探索、自主完成任务。这个环节可以培养孩子的观察能力、想象能力和解决问题的能力,促进其数理逻辑、空间、人际等智能的发展。

1. 鹰柱铜盆

这件器物上面的动物尖尖的嘴巴大张着,是在鸣叫吗?它的翅膀看上去好大呀,应该能飞得很高很高!它是一种很凶猛的鸟吗?

2. 错金银铜虎噬鹿屏座

这件器物是什么动物呢?它的尾巴很奇特,卷了起来。它的爪子尖尖的,看上去很锋利,身上还有斑斑点点的花纹。它的嘴巴好大呀,嘴里面叼了什么东西呢?

猛兽们已经闪亮登场啦！它们摆出了威武的造型，现在考考你，你能猜出它们是什么动物吗？

3. 错金银铜犀牛屏座

这是一只奇怪的动物，它的身子很像牛，但是头上好像有三只角，还是前后排列的，这真的是牛吗？

4. 错金银铜牛屏座

看，它的头上长着一对弯弯的角，身体健壮，四肢有力，它会不会发出"哞""哞"的叫声呢？

请小读者自己动手,在"游戏宝库"中找到猛兽身上缺失的部分并进行粘贴。这可以培养孩子收集信息、发现事物之间关联性的能力。请家长为孩子讲述猛兽的故事,通过交流与分享,增加孩子对文物的了解,增进亲子关系。

小读者，为了让你更了解它们，猛兽们都亮出了自己最威猛的照片，顺便也让你看看它们霸气的样子！等一等，这些照片好像都少了一部分，你能找到缺失的部分，帮猛兽们还原外貌吗？

和我比一比

身高：100厘米　体重：20千克

在这里，请家长指导孩子通过观察、对比自己与猛兽们在身高、体重方面的差别，初步理解"大小""高矮""轻重"的概念，开发孩子的数理逻辑智能。

身高：47.5厘米　体重：31千克

我的身高

我的体重

小朋友，让我们和猛兽们一起来玩排排坐的游戏吧，看看谁更高，谁更重呢？

身高：22厘米　体重：19.35千克

身高：21.9厘米　体重：26.6千克

身高：22厘米　体重：18.7千克

为什么猛兽们身材矮小，体重却那么重呢？

想一想，为什么平时个子高的小朋友通常都比个子矮的小朋友体重更重一些，但是自己虽然比猛兽们高那么多，体重却比它们轻呢？

这是因为一件东西的重量不光和它的大小有关，还得看它的密度！我们来举个例子：一块拳头大小的青铜和一团拳头大小的棉花，哪个更重呢？当然是青铜更重，因为青铜的密度比棉花的密度大好多！同样的，拳头大小的青铜也比拳头大小的肉块更重呢。所以，虽然小朋友比猛兽们的个头儿高不少，但是用青铜做成的猛兽们密度却更大，所以它们的体重更重。

小朋友，你看到了吧，在这个排排坐的游戏里，你的个子是最高的，比猛兽们高出一大截儿，但是你的体重可不是最重的。猛兽们虽然看起来身材"矮小"，但它们都是用青铜做成的，和它们比体重，你可比它们轻呢！了解了猛兽们的身高和体重，你是不是对它们更加熟悉了呢？

我的本领大

在这里，我们要鼓励孩子运用发散思维，通过对文物作用的各种大胆猜想，培养他的空间思维能力及想象能力，增进对文物作用的理解。

小朋友，你是不是注意到了猛兽们造型奇特，身上还有着奇怪的装饰物？其实，这是因为它们身上肩负着重要的使命！让我们来想一想它们都能做些什么吧！

1. 大大的、圆圆的盆，是用来盛东西的吗？还是用来洗脸的呢？

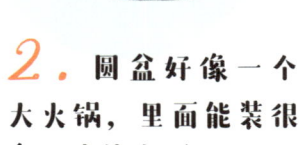

2. 圆盆好像一个大火锅，里面能装很多好吃的东西。

3. 如果盆里能养鱼，一定也很好。

它们可是三兄弟哟！需要相互配合才能发挥本领。

1. 它们是花瓶吗？背上好像可以插花！

2. 它们的外形这么可爱，是不是动物玩具呢？

我来大揭秘

请家长帮助孩子找到"游戏宝库",指导孩子独立完成寻找、对比、粘贴等环节,这些环节可以增强孩子的自信心,提高他的学习兴趣,还能增进亲子交流。

你是不是猜中这些猛兽的本领了呢?一起来揭晓答案吧!

小朋友一定已经知道我的本领了,快从"游戏宝库"里把你认为正确的答案找出来,贴在与我的本领相对应的图旁边吧!

这个大大的、圆圆的铜盆可以用来盛水,就和现在我们使用的水盆差不多。

铜盆除了可以用来盛水,还可以盛放灯油,这也是一盏漂亮的灯!

雄鹰威武,铜盆造型别致,这也是一件特别好看的装饰品。

请家长指导孩子仔细观察图片并描述图片内容。这样可以锻炼孩子的自然观察智能、空间智能、数理逻辑智能，并促进孩子语言智能的发展。

这三幅图清楚地展示了我们三兄弟的本领，你能看出来吗？我们还请了博乐来做模特儿呢！

  这三只猛兽是一种古代家具——屏风的组成部分。屏风是由屏扇和支撑屏扇的屏座组合而成的。上图中的两扇屏扇拼接处的下方就使用了三兄弟之中的老大——错金银铜虎噬鹿屏座，两边分别使用了错金银铜牛屏座和错金银铜犀牛屏座。

  古代人为什么要使用屏风？屏风都有哪些作用？让爸爸妈妈扫描二维码，你来听一听吧！

我们聊一聊

请家长和孩子共同阅读、聆听，鼓励孩子复述故事内容，激发其阅读兴趣，提高其阅读理解、倾听交流和语言表达的能力。

世间的猛兽千千万，想想看，为什么中山国的国王要选择老鹰、老虎这些动物作为器具的造型或装饰呢？它们有什么过人之处呢？

天空霸主——鹰

小朋友，看了上面三幅图片，你能说说鹰都有哪些本领吗？为什么说它是"天空霸主"呢？

鹰的性情凶猛，它的嘴巴尖利弯曲，腿部强健有力，趾上有锋利的爪。鹰的羽翼宽阔，擅长飞行，可以在高空盘旋翱翔。鹰锐利的目光能够在高空中捕捉到猎物的身影。它是当之无愧的"天空霸主"。

想知道更多关于鹰的故事,请扫描二维码。听了有趣的故事以后,要记得和好朋友分享,体验讲故事的快乐哟!

森林之王——老虎

虎头蛇尾、龙腾虎跃、狐假虎威……小朋友,关于老虎的故事有很多,请扫描二维码听一听吧!

到底谁才是"森林之王"?

提到凶猛的动物,我们首先会想到老虎、狮子,那你知道为什么"森林之王"是老虎而不是狮子吗?告诉你,这可不是因为老虎比狮子厉害,而是因为狮子并不生活在森林里!狮子是群居动物,生活在辽阔的大草原上,老虎则生活在茂密的森林里,喜欢单独行动,正所谓一山不容二虎。在自然环境中,老虎和狮子基本不会相遇,也就不会有二者争斗谁更厉害的问题啦!至于中山国的国王为什么选择了老虎而不是狮子作为器具的造型或装饰,是因为那个时候中国境内还没有狮子这种动物。狮子的形象是东汉汉章帝时期(距今1900多年)才传到中国的,后来逐渐受到人们的喜爱。

这种场景现实生活中基本不会出现!

一起动动手

在这个环节中,家长要引导孩子独立思考,启发孩子的思维,逐步培养孩子独立解决问题的能力。

看看这幅图,你知道""是怎么演变成"牛"的吗?可以动笔试一试哟!

这三只犀牛的角都褪色了,请帮它们涂上美丽的颜色。

这三只犀牛看上去不太一样,你能找出它们的不同之处吗?

现在在动物园里已经看不到这种长有三只角的犀牛了,你知道是为什么吗?来扫描二维码寻找答案吧。

犀牛角的作用

犀牛角是犀牛在自然界中生存时最重要的自我保护的武器。如有敌人来挑衅,犀牛把头一低,犀牛角就刚好冲着对方,谁不怕呢?要知道,一头发怒的犀牛低下头,用犀牛角发起猛烈进攻的力量,可以撞翻一辆小卡车呢!所以,即使是老虎和狮子,遇到犀牛也不敢轻举妄动。

犀牛角由表皮角质形成,主要成分为角蛋白、胆固醇、碳酸钙等。根据中医理论,犀牛角有清热、凉血、定惊、解毒的功效。

犀牛角纹理独特、色泽柔和,古时候常被做成酒杯等器皿。古人认为犀牛角有辟邪保平安的作用,所以也常常把它做成装饰品佩戴在身上或摆放在家中。

如今,犀牛是受国际保护的珍稀濒危动物,我国禁止任何犀牛制品交易。我们要好好保护我们的动物朋友哟!

如果细长的蛇的身上长出了老鹰的利爪,如果长长的马脸上冒出了梅花鹿的犄角,如果绚丽的锦鸡头上戴了孔雀的羽冠,这些动物会变成什么样子呢?变成怪兽吗?不不不,它们会变成神兽,是人们心目中无所不能、代表祥瑞的神兽!

古时候虽然科技不发达,但人们的想象力可是非常丰富的,他们想象出了很多神奇的动物! 2300多年前的中山国有哪些神兽呢?让我们一起到"神兽幻想记"中探险吧!

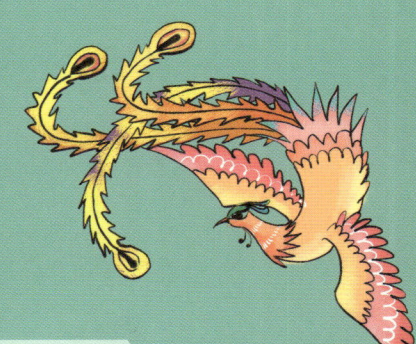

神兽幻想记

猜猜我是谁

这个环节要请家长和孩子共同参与我们的探索发现活动。通过活动的引导,可以培养孩子的观察能力、想象能力和动手能力,也可以促进孩子数理逻辑、空间、人际等智能的发展。

小朋友,现在我们来到了最神秘的神兽区,中山国的神兽早就在这里等着你啦。快来看看这里都有哪些神兽吧!

1. 错银铜双翼神兽
①这四个家伙的个头儿好大呀!
②它们的嘴巴大大的,还能看到里面锋利的牙齿呢!
③它们的嘴巴里面好像还有长长的舌头。
④它们的爪子看起来很锋利,应该很凶猛吧!
⑤它们的翅膀看上去很有力量,能飞得很高吧!

你觉得这四只威猛而神秘的动物是什么呢?来给它们起个威武霸气的名字吧!

2. 错金银四龙四凤铜方案座

考验大家眼力的时候到啦，快来数一数，这件奇怪的器物上总共有多少只动物呢？

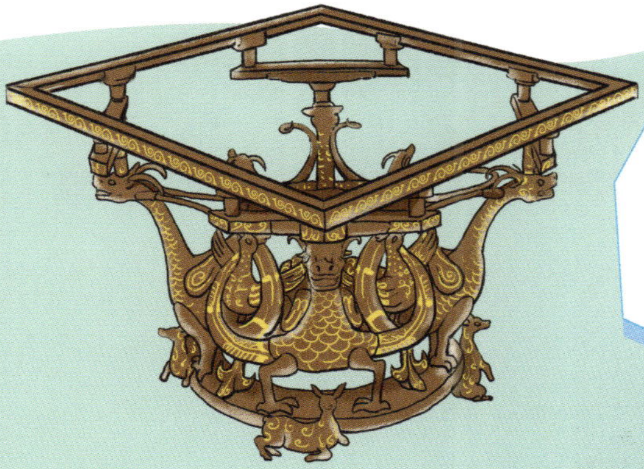

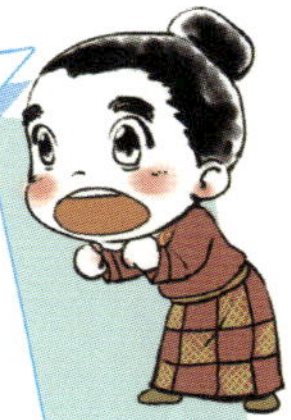
动物的数量数清楚了，那这些动物都是什么呢？你能在器物上找到下方 5 种动物中的几种呢？请把它们和文物图案上的动物连接起来吧！

扫一扫 听故事

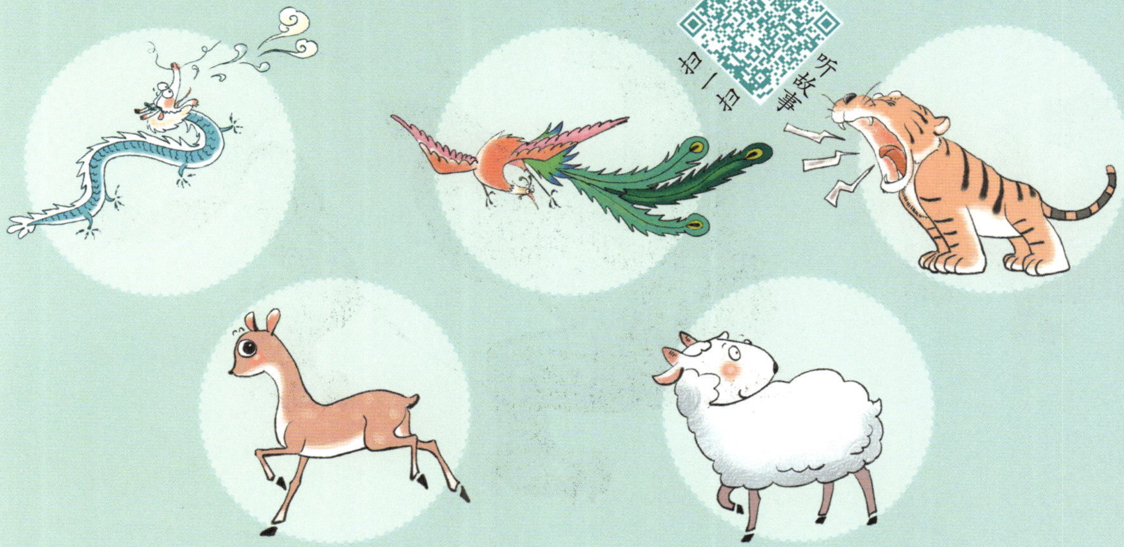

请孩子自己动手,为神兽找到缺失的部分并进行粘贴,通过动手可以增强孩子的视觉形象记忆;家长还可以为孩子讲述神兽的故事,增进孩子对文物的了解、增强亲子交流。

小朋友,你刚才看到的神兽们有意思吗?它们呈现在你面前的样子不仅有趣,还霸气十足呢!你能在"游戏宝库"里找出图片中缺少的部分,帮它们展现原貌,完成华丽变身吗?

仔细看一看

请家长积极鼓励孩子运用发散思维，展现孩子丰富的想象力，图文结合的形式更能加强孩子对文物工艺的理解。

看，这几只神兽身上有漂亮的花纹，你觉得这些花纹像什么？

像飘动的云朵

像旋转的水涡

像海上翻起的波浪

像在空中飞翔的小鸟

像盛开的美丽花朵

还像……

这些漂亮的花纹是从神兽身上"长"出来的吗?

其实,这些花纹是古时候的工匠们发挥聪明才智,为神兽创造出来的。那他们是怎样制作出这些花纹的呢?

这种制作花纹的方法叫作错金银工艺,在2000多年前的战国时期非常流行。

制作时,工匠首先按照提前设计好的花纹形状,在青铜器表面预留或刻出一个个小凹槽,然后将加热过的软软的金片或银丝嵌在这些小凹槽里,最后用错石将露在凹槽外面的多余的金片或银丝磨平。这样,一件带有漂亮花纹的青铜器就大功告成了!这种方法是不是非常有创意呢?

用错金银工艺做出来的漂亮东西可不少呢,让我们再来欣赏两件错金银文物吧!

朱雀衔环杯

镶金错银铜牺尊

我的本领大

> 请家长为孩子阐述不同的观点,引导孩子逐步思考,得出自己的答案,培养孩子归纳、类推的能力。

这么多神秘的神兽聚集在一起,会发挥怎样神奇的作用呢?请猜一猜它们的用途,我会给你提示哟!

这四只神兽看起来分量不轻,是不是古时候的大力士锻炼身体时用的东西,就像现在人们健身用的哑铃一样?它们总是四只在一起,谁也离不开谁吗?

神兽的样子很独特,摆放在家里肯定很漂亮。它们是一个组合,这个数量与它们的作用息息相关呢!

　　这件器物中的龙撑起上面方方正正的框架，上面是可以放东西的。你猜到它的用途了吗？你知道具体该怎么放，可以放些什么东西吗？

　　可以在器物的上面放一口锅吗？在锅底点上火，在上面做饭，有神兽帮忙，做出来的饭肯定特别好吃！不过这么精致的器物用来点火做饭，会被损坏的吧？

我来大揭秘

请家长指导孩子进行角色扮演，尽可能复述角色语言，通过角色扮演游戏，锻炼孩子的语言智能。

前面给大家展示的这两种神秘的文物有什么奇特的作用？让神兽来揭晓答案吧！

见证奇迹的时刻到了，现在就由我来亲自揭晓我们四兄弟的本领！首先，我们颜值很高，摆在家里绝对独一无二，所以，我们四兄弟是独特的装饰品！

我们不仅有好看的外表，更有出众的能力——我们是颜值和实力的双重担当！因此，刚才那位小朋友说得有些道理，敦实的身材、团结一致的配合，让我们

能够完美胜任我们的角色——镇器！

在很久很久以前，人们都是席地而坐的，人们在起坐之间，为了不让铺在地上的席子来回滑动或卷边，就使用我们——四个为一组的镇器来压在席子的四个角上。后来，人们阅读、写字的时候也用镇器来镇书、镇纸。如果你将来学书法，说不定还会遇到我们的同伴呢！

你是不是已经知道错银铜双翼神兽的本事了呢?想认识中山国更多的镇器,请扫描右边的二维码。

注意注意!接下来是我的脱口秀时间!我是错金银四龙四凤铜方案座的动物兄弟姐妹们推选出来的代表。首先,我感到非常荣幸,其次,我想点评一下刚才那位小朋友的发言:我们这么多神兽组成的宝物,这么精致、独特,怎么可能是用来做饭的呢?这是"案",案就是古代人席地而坐时使用的小桌子。小朋友可以看看四条神龙的头上是不是有一个方方正正的框呢?在这个框上放入一块桌面,一张精美的案就出现啦。这么豪华的案在当时是只有国王才能使用的哟!

生活中的案

你对案这个字是不是很陌生呢?其实有很多含有案字的词,例如"拍案而起",说的是人们在情绪激动的时候一拍桌子站起来,表示愤慨的样子。再如"拍案叫绝",是指人们在高兴的时候拍着桌子叫好,表示非常赞赏。还有"拍案惊奇",指人们对奇异的事情拍着桌子表示惊叹。你看,人们是不是很喜欢用拍案来表达自己的情绪?案除了可以拍,还可以举,成语"举案齐眉"就是表示夫妻互相尊敬。

你是不是又想问我,为什么现在生活中看不到案了呢?因为案是人们席地而坐时使用的。后来人们开始使用高形坐具和桌案,案就越来越少了。

我们聊一聊

请家长和孩子共同阅读、聆听故事，要鼓励孩子复述故事的内容。通过听与说，可以锻炼孩子的语言表达能力。

在古人创造出来的众多神兽中，龙和凤的出镜率最高，在中山国也是如此！这两种神兽有什么特殊的魅力吗？为什么这么多人都喜欢它们呢？一起来了解龙和凤的故事吧！

龙的本领：上天入地、吞云吐雨、驱邪降妖、善于变化、祥瑞纳福……

龙的来历

说起龙的来历，有一个神奇的传说：相传，在距今四五千年的时候，我国黄河流域、长江流域居住着许多氏族部落。其中有一个强大的部落首领黄帝率领他的部下经过多次争战，最终统一了各部落。统一前每个部落都有自己的图腾（所谓图腾，就是原始社会的人们把某种动物、植物等作为崇拜对象，当作自己的保护神），黄帝便想制定一个统一的图腾以示团结。于是，他便要求原来各大小部落把各自使用过的图腾贡献出来，再各自选派一名代表来共同商议制定新的图腾。

谁知，各部落一下子送来了上百个图腾样式。这下可把黄帝难住了，究竟选哪个图腾好呢？他召来谋臣，征求意见。大家你一言我一语，讨论得不亦乐乎。最后，黄帝参照各部落图腾的特点，制定了这样一个图腾：蛇的身、鱼的鳞、马的头、牛的耳、鹿的角、羊的须、鹰的爪。这也算照顾周全了。可是，这个图腾叫什么名字呢？仓颉说："咱们给它取名叫'龙'，表示它既能腾云驾雾，又能翻江倒海。"这一提议得到了黄帝的首肯，各部落对这个龙图腾也非常满意，因为每个部落都能从龙图腾里找到自己部落图腾的影子，所以，他们团结起来，拥护黄帝成就了一番大事业。从此以后，龙就成了中华民族的象征。直到现在，龙图腾依然是中华民族富有凝聚力的一种象征。

人们是怎样创造出龙这种威力无穷、本领通天的神兽的呢？

你还知道哪些关于龙的故事呢？来听一听、讲一讲吧！

凤身姿优美，是神话传说中的百鸟之王，也是祥瑞的象征！

百鸟朝凤的故事

很久很久以前，凤只是很不起眼儿的小鸟，羽毛很普通，丝毫不像传说中那般光彩夺目。但它有一个优点，就是十分勤劳，其他鸟吃饱了就玩耍、休息，只有它从早到晚忙个不停，将别的鸟不屑一顾的果实一颗一颗捡起来，收藏在洞里。有些鸟笑话凤："这有什么意思呀？这不是财迷精、大傻瓜才干的事吗？"

然而，凤贮藏的食物还真的发挥了大作用呢！

那一年森林大旱，鸟们觅不到食物，都饿得头昏眼花，快支撑不下去了，幸好，凤及时把自己积攒多年的干果和草籽拿出来分享，鸟们才渡过了难关。

旱灾过后，为了感谢凤的救命之恩，鸟们将自己身上最漂亮的一根羽毛拔下来，制成了一件流光溢彩的百羽衣献给凤，并一致推举它为百鸟之王。以后，每到凤生日的时候，四面八方的鸟都会飞来向凤表示祝贺，这就是"百鸟朝凤"的故事。

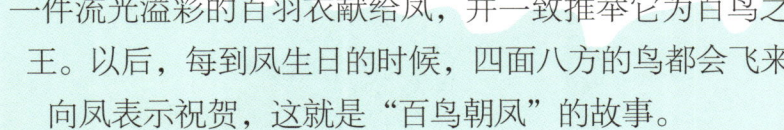

一起动动手

请家长引导孩子独立完成手工活动，并及时给予鼓励，这可以培养孩子的自信心。通过连线、绘画等形式，还能增进孩子对龙、凤等图案的理解。

了解了龙和凤的传说，你是不是觉得它们很厉害、很了不起？其实它们也很喜欢你，下面跟它们一起来做个游戏吧！

连连看

龙的身上有很多其他动物的特征，你能把龙身上与其他动物身上相对应的部分一一连起来吗？

小朋友，这张图画上的龙和凤把自己的颜色弄丢了，请你帮助它们涂上绚丽的色彩，让它们变得更漂亮吧！

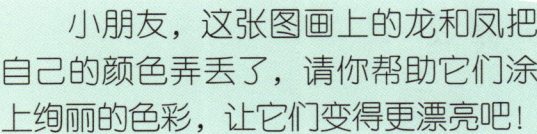

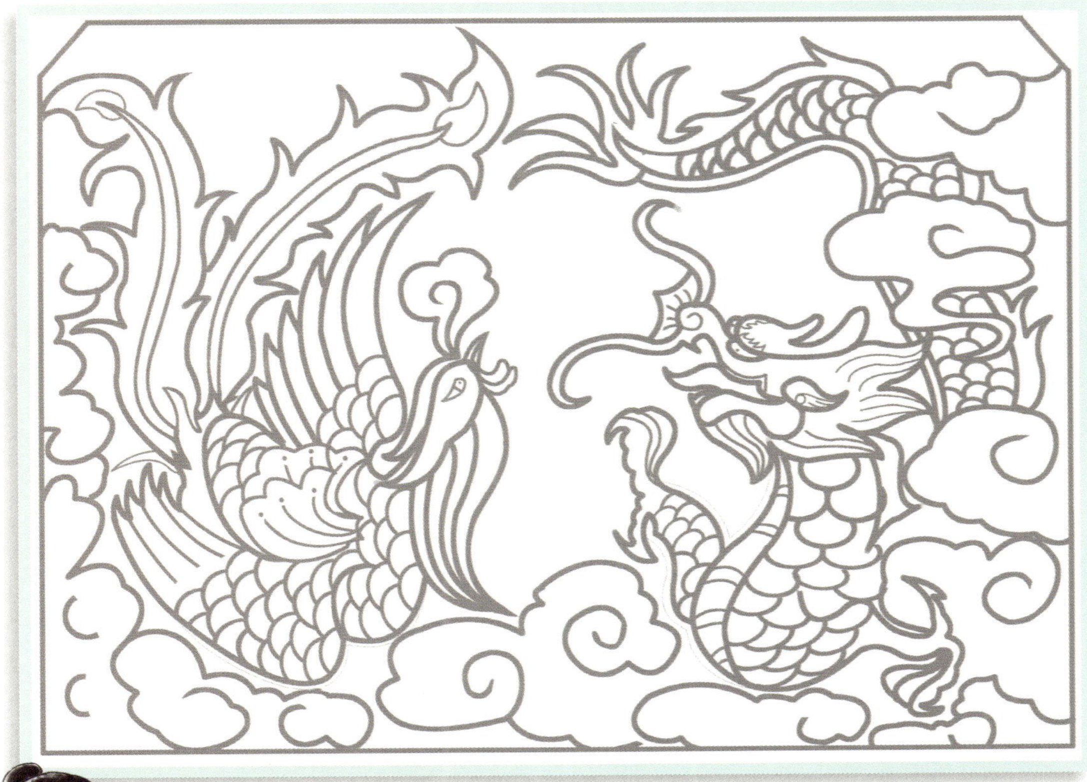

龙和凤在一起是不是很美？这就是人们常说的"龙凤呈祥"，想知道它的含义吗？请爸爸妈妈扫描二维码，一起寻找答案吧！

你知道吗？在中国历史上，"中山国"的名称出现过不止一次。战国时期的中山国，在公元前296年被赵国攻灭。到了公元前154年，当时的皇帝汉景帝将自己的儿子刘胜分封到昔日的中山国一带当靖王，建立了西汉时期的一个封国——中山国，刘胜就是西汉中山国的第一位王——中山靖王。

刘胜在他的封国度过了安逸富足的一生，去世之后，他和他的王后窦绾都被埋葬在现在河北省满城县的陵山古墓里——那可是两座豪华的地下宫殿！在他们的地下宫殿里，也有很多动物，与战国时期中山国威猛霸道的猛兽、神秘莫测的神兽相比，这座宫殿中更多的是非常可爱的萌物！你想认识它们吗？快来"萌物总动员"吧！

萌物总动员

猜猜我是谁

请家长、孩子共同参与,引导孩子通过观察、想象、交流等方式积极探索,拓展孩子的空间智能、身体运动智能,锻炼孩子的归纳、类比等数理逻辑智能。

1. 铜羊尊灯

它的身子胖胖的,看上去很温驯,头上有弯弯的角,四肢蜷曲,安详静卧,这是什么羊?绵羊?羚羊?还是山羊?

2. 鹿形铜饰

哇,它头上长着这么大的角!这是鹿还是羚羊呢?

 小朋友，你觉得什么样的动物可爱呢？温柔的小猫？憨厚的小狗？蹦蹦跳跳的小兔子……自然界里可爱的动物太多了！2100多年前的中山靖王和王后给我们留下了很多萌物呢，一起去看看吧！

3. 错金银铜豹

它的眼睛又圆又大，像一只大猫，它的身上还有很多花纹，这是什么动物呢？

4. 熊足铜鼎

这件器物上有好几只动物，最下面的这几只动物看起来憨憨笨笨的，能够两条腿站立，鼻子长得像小狗的，我好像知道这是什么动物啦！

43

请孩子自己动手,为萌物找到缺失的部分并进行粘贴,培养孩子的观察能力和逻辑推理能力。家长可以为孩子讲述萌物的故事,增进孩子对文物的了解。

这四种小动物是不是很萌呢?请从"游戏宝库"里找出它们的萌照中缺失的部分,贴在相应位置。快来让这四只小动物变得更加可爱吧!

仔细看一看

在这个环节中，我们要鼓励孩子独立思考，通过观察、对比不同事物的信息，归纳总结答案要点，培养他独立解决问题的能力。

这些可爱的小动物和你在动物园里看到的真实的动物是不是不太一样呢？你能把它们不一样的地方全部找出来吗？

1. 铜羊尊灯

铜羊尊灯的肚子是空的，可以盛放东西。

小绵羊的肚子可不是空的哟。

2. 鹿形铜饰

鹿形铜饰的肚子上有一个洞，看起来太奇怪啦！
梅花鹿的肚子上可没有洞，它的花纹看上去真漂亮！

3. 错金银铜豹

错金银铜豹的眼睛是红色的，别看它身材娇小，它的体重可不轻。

动物园里的小豹子眼睛是黄棕色的，体形比较大。

4. 熊足铜鼎

熊足铜鼎上的小熊看起来力气很大，能够撑起比自己大很多、重很多的鼎。

动物园里的小熊能不能做到呢？

我的本领大

请家长引导孩子独立完成，并给予他鼓励，这可以培养孩子的自信心，别忘了及时为他送上正确答案，引导孩子正确看待"正确"与"错误"。

我头上托着灯盘、肚里装着灯油，我是一盏羊形灯，为人们驱走黑暗、带来光明。

鹿形铜饰一共有两件，我们哥儿俩的肚子上都有一个洞，小朋友不要害怕，这是因为我们是古时候家具上的装饰品，正是利用这个洞，我们才可以被固定在家具上。

萌物们很可爱，不过，它们不仅会"卖萌"，还各具神通呢！让我们一起来猜一猜它们各自拥有什么样的本领吧！

虽然我的个头儿小，但我的体重可不轻，我和错银铜双翼神兽一样，都是镇器！

鼎的重量很重，但我们黑熊三兄弟的力气更大，能把鼎稳固地支撑起来，这样，人们就可以放心地用鼎烹煮食物啦！

我来大揭秘

请家长鼓励孩子独立完成下面的寻找、对比、粘贴等环节，这可以培养孩子根据物体特征进行分类归纳的能力，还能拓展他的自然观察智能。

自然界里的动物有很多种：天上飞的，地上爬的；吃肉的，吃草的；凶猛的，温驯的……在"游戏宝库"里有4种萌物图，请你把它们找出来，贴在相应的类别里吧！

喜欢吃草

我是温驯的绵羊，头上有角，腿上有蹄子，喜欢吃草。

有结实的蹄子

我吃素，喜欢吃的食物有草、树叶、果实等。我头上长着长长的角，腿上结实的蹄子能帮助我快速地奔跑。

喜欢吃肉

有锋利的爪子

长着角

我喜欢吃肉，爪子很锋利，善于快速奔跑去捕猎，我还会爬树。

我的爪子很锋利，是爬树的高手，善于捕捉猎物，我很喜欢吃肉哟。

会爬树

我们聊一聊

请家长鼓励孩子聆听以及复述下面的小故事，培养孩子通过倾听学习的能力和语言表达能力。

萌物们很可爱吧？自然界里可爱的动物有很多，为什么2100多年前的中山靖王和他的王后会喜欢这几种萌物呢？它们有什么独特之处吗？

你想认识更多萌物的独特之处吗？请爸爸妈妈扫描二维码，你就能听到更多"萌物传奇"！

羊的吉祥含义

在古人的心目中，羊是一种象征吉祥的动物。羊字本身就有着美好的含义，与"吉祥"的"祥"是通假字。另外，像"善良"的"善"字、"美丽"的"美"字里面都包含了"羊"，都有美好的意思。

在古人的日常生活中，羊有非常重要的地位。如果一个人或者一个家族，他们养的羊越多，就表示越富有。同时，人们觉得羊是一种至孝、知礼的动物，在民间还流传着"羊羔跪乳"的典故——小羊在母羊身边吃奶的时候总是跪着，好像在表达对母亲养育之恩的感谢。

鹿也是代表吉祥的动物

早在原始社会，人们制作的陶器上面就有鹿纹。此外，在古代的青铜器、瓷器、玉器以及绘画作品中也经常可以看到鹿的身影。为什么古人这么喜欢鹿呢？因为人们认为鹿代表着长寿。相传，鹿能活一千多年，从五百岁开始，它身上的颜色会变白，最后成为白鹿。白鹿经常和仙人在一起，据说我国古代的思想家、道家创始人老子就经常乘着白鹿出游。

此外，鹿还是一种象征吉祥的动物。在传统的吉祥图案中，蝙蝠和鹿在一起喻示"福禄双全"，两只鹿在一起是"路路顺利"，鹿和福寿二字搭配寓意是"福禄寿"。可见鹿在我国古代吉祥文化中占有相当重要的地位。

你最喜欢哪种可爱的动物呢？来讲讲它的故事吧！

萌物档案

名字：　　　　　　种类：　　　　　　外形特点：

喜爱的食物：　　　　　　　　　　生活环境：

可爱的地方：　　　　　　　　　　萌物故事：

一起动动手

请家长引导孩子独立完成动手环节,培养他的创造性,通过色彩还能加强孩子视觉记忆效果,拓展空间智能。

现在，你和萌物们已经很熟悉了，拿起画笔，为这些可爱的朋友画几幅画像吧！

地球是人类和其他动物共同的家园，生活在同一个星球上的我们应该和睦相处、共同发展。小朋友，你和动物是怎样相处的呢？

其实，在很久很久以前，人类就已经和其他动物有了各种亲密接触，也发生了很多有趣的故事。

下面，请大家跟随我一起穿越时空，去探寻人与动物的奇妙缘分吧！

人与动物缘

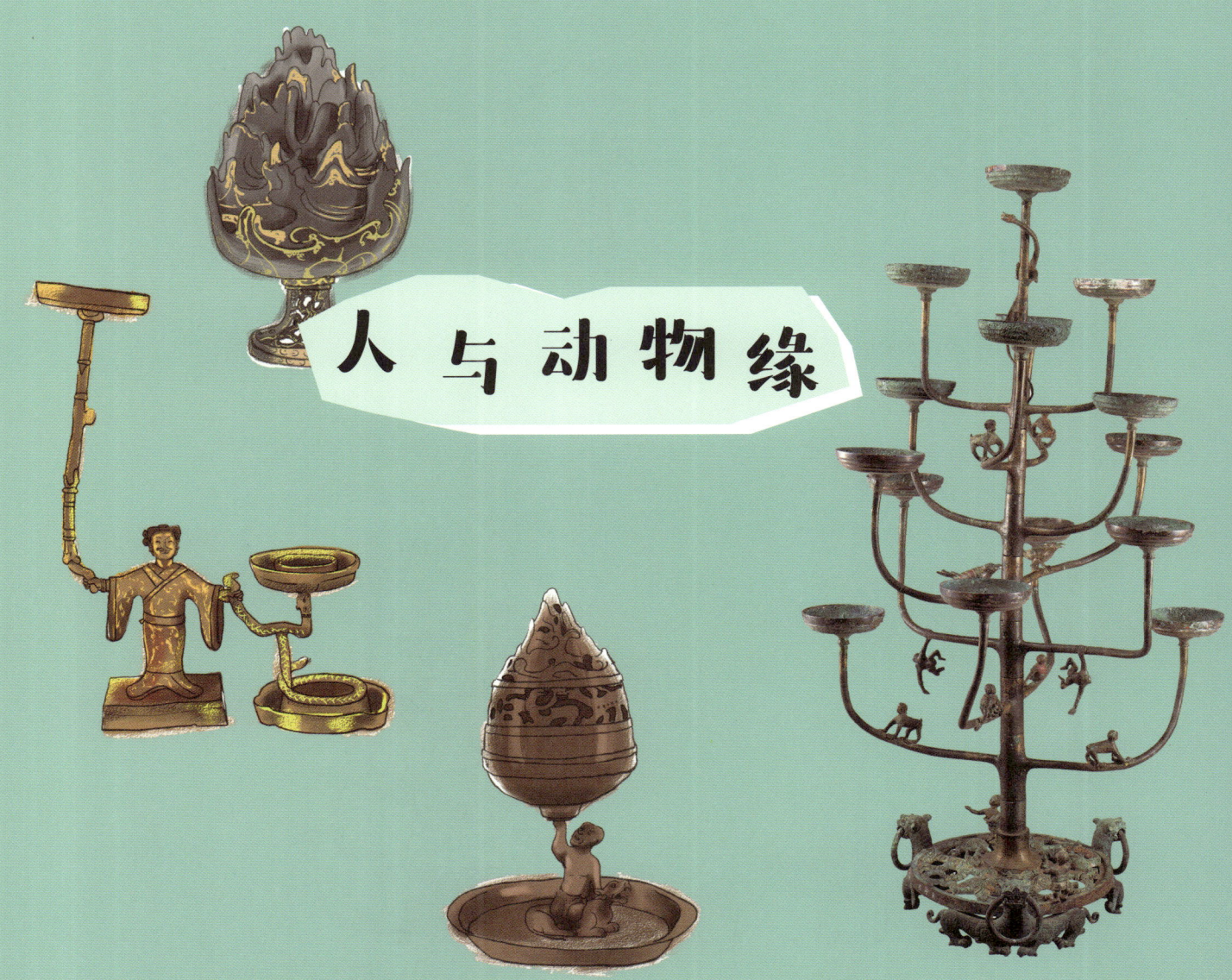

猜猜我是谁

请家长和孩子共同参与，通过启发式提问和沟通交流，引导孩子观察、认识、联想，拓展空间智能、身体运动智能和自然观察智能。

1. 银首人俑铜灯

① 这盏铜灯上的人穿着长裙子，留着长头发，他（她）到底是男的还是女的呢？

② 这个人手里握的东西是蛇吗？数一数一共有几条蛇？

③ 直直长长的柱子上面有动物吗？是什么动物呢？

2. 十五连盏铜灯

① 这件器物长得像一棵树，"树枝"和"树叶"之间藏有很多动物。

② 树枝上面有小鸟，你能数清一共有几只小鸟吗？

③ 树枝上面爬得最多的可能就是猴子啦，到底有几只呢？

④ 圆圆的底盘上好像还站着人，他们在干什么？

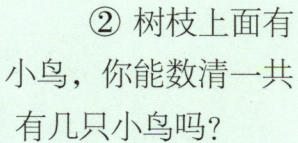

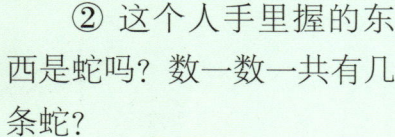

小朋友，在你听过的故事中，有哪些故事讲述了人与动物的奇妙缘分呢？再请你想一想，在这些故事中，都有哪些动物登场了呢？

让我们看看以下几幅图，编几个属于我们自己的关于人与动物的故事吧！

3. 错金铜博山炉

① 这件器物看起来好像一座山。

② 山里边隐藏有动物吗？都有什么动物呢？

4. 铜骑兽人物博山炉

① 这件器物的上半部分像一座山。

② 这个人的力气可真大，居然可以托起一座大山！

③ 这个人骑着的动物是什么？现实生活中好像没见过，不过它一定很厉害，能够驮起大力士和一座山！

请家长引导孩子在"游戏宝库"中找到缺失的部分并进行粘贴，通过空间位置的移动变化，可以提高孩子的视觉记忆能力。

咦？这几张图片怎么残缺了呢？噢，原来它们在"游戏宝库"里躲着呢。你快把它们找出来，贴在相应的位置，让图片变完整吧！

和我比一比

在这个环节中,请家长鼓励孩子运用发散思维,根据观察,认识人与动物相互依存的关系,提高自然观察智能。

精美的文物上造型各异的人与动物演绎了有趣的故事。你知道这些文物背后反映了人与动物之间怎样的交流吗?试着把它们的故事讲出来吧,和我比一比,看谁讲的故事更精彩哟!

1. 银首人俑铜灯

我驯养了三条非常聪明的蛇,它们有高超的平衡能力,能完成协力托举重物的炫酷表演。

我们听从艺人的指挥,正在为观众表演节目。平稳地支撑起灯盘可是高难度的动作哟!什么?还不够难?那咱们把灯点亮再试试!

2. 十五连盏铜灯

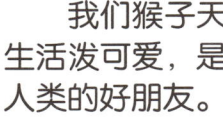
我们猴子天生活泼可爱，是人类的好朋友。

有了我们的点缀，整盏灯看上去是不是动感十足，妙趣横生？

3. 错金铜博山炉

快跑，猎人来啦！

野猪别跑！我已经三天没吃东西啦！

4. 铜骑兽人物博山炉

我相信人定胜天，就像我征服这头凶猛的海兽一样！

唉，我也想维持海兽的尊严和威猛的形象，奈何这个人太厉害了，我只好乖乖地给他当坐骑，说实话，什么时候都是保命要紧，对不对？

我的本领大

> 请家长鼓励孩子寻找机会观察不同的物体，辨别物体间的差别。通过观察和语言表达，提高孩子的自然观察智能与语言智能。

小朋友，在生活中你遇到过哪些动物呢？你有没有仔细观察过它们有什么特征、有什么本领呢？来给我们说一说你的见闻吧。请你想一想，这些动物与我们有什么关系，我们又该与它们如何相处呢？

狩猎模式

小朋友，你喜欢吃肉吗？我们的一日三餐中，经常出现各种肉类：猪肉、鸡肉、鱼肉、牛肉、羊肉等。这么想来，我们和动物最频繁的接触，似乎是在"吃"上！

其实，人类和动物最开始接触，就是为了获取食物，维持生命！谁都不喜欢饿肚子，对不对？错金铜博山炉上就有表现猎人狩猎的场景。

你知道在 100 多万年前，远古人类会吃哪些动物吗？

高大壮硕的猛犸象

凶猛粗犷的披毛犀

这些你没见过的动物，都是我们祖先狩猎的目标哟！

后来，我们的祖先慢慢学会了饲养动物，比如家鸡、家猪。河北磁山先民饲养的鸡就是目前世界上发现的最早的家鸡。

现在，随着大规模畜牧业的发展，人们集中养殖动物，为我们的生活提供必备的食物。

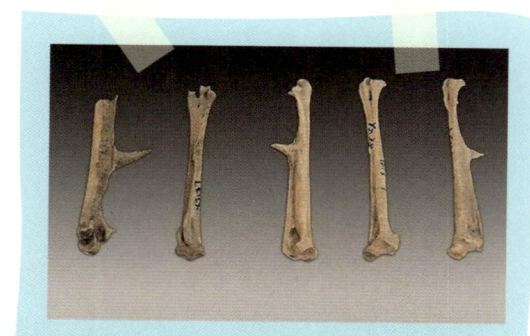

"磁山文化"出土的家鸡骨骼

征服模式

在获得充足的食物后，人类与动物的关系就不再局限于"吃"与"被吃"了。人们在劳动中发现，有些事情可以由动物来做，这样人会更轻松、更方便。于是，人们开始征服动物，通过驯养让动物为人服务，就像铜骑兽人物博山炉中大力士征服海兽一样。

古时候，最快速的陆路交通方式是骑马！马奔跑的速度比人快多了，所以人们驯服马，让它成为出行的工具。牛的力气很大，而且勤劳肯干，人们驯养牛来拉车、犁地，让牛成为农民伯伯的好帮手。狗忠诚善良，用来看门最好不过了。

我们生活的现代社会，科技已经很发达了，但我们仍然离不开动物的帮助：蒙古草原上奔驰的骏马、西伯利亚雪海中穿梭的雪橇犬以及利用敏锐的嗅觉帮助人们的缉毒犬、搜救犬、导盲犬等，都是人类的好帮手。

我来大揭秘

驯养模式

在和动物不断地亲密接触中，人们发现动物中不仅有本领高强、踏实能干的人类好帮手，还有魅力无限、擅长表演的动物明星，于是人们开始了"造星"计划：驯养具有表演天赋的动物为人类表演，就像银首人俑铜灯中的耍蛇艺人一样。

古时候的动物明星可多啦，有活泼机灵的小猴子，有憨态可掬的小黑熊，有聪明伶俐的鹦鹉，有灵活机敏的蛇等。这些动物由艺人驯养，和艺人共同表演，为人们带来欢乐。

看到这些，小朋友是不是觉得很眼熟呢？现代的马戏团里不是也有这样的动物明星吗？那里不仅有小狗、小羊、小鹦鹉，还有狮子、老虎、大象……嗯，你猜对啦，从古至今，人们一直都很喜欢看动物的表演，所以，马戏团会驯养很多动物，让它们学会不同的本领，一起为观众献上精彩的演出。不过，为了保护动物，如今有很多国家都禁止或限制马戏团使用动物表演了呢！

宠物模式

小朋友,说起宠物,你最先想到的是什么呢?小猫、小狗、小兔子、小仓鼠、小乌龟?你养过宠物吗?你经常给你的宠物准备好吃的东西,坚持为它洗澡吗?你会每天和它待在一起、陪它玩吗?想一想你和宠物一起度过的美好时光吧!

你知道吗?古人也特别喜欢养宠物,很久以前人们就发现,动物不仅能为人类提供食物、为生活提供便利,还能作为宠物饲养,为人类带来欢笑。动物是人类非常重要的朋友!就像十五连盏铜灯中的小鸟和小猴子一样。

古人养的宠物种类可多啦,像毛色洁白、性格温和的波斯猫,能学人说话、有着靓丽羽

毛的金刚鹦鹉,性格活泼、外形像狮子的哈巴狗,等等,都是古人喜爱的动物。东晋的大书法家王羲之非常喜欢鹅,宋代诗人林逋爱鹤成痴,清代的雍正皇帝则非常喜欢狗,还让人专门为小狗做华丽的衣服,这些是不是都很有意思呢?

我们聊一聊

> 帮助孩子理解故事内容，鼓励孩子以语言、动作等不同的方式有效地表达自己的观点，锻炼人际智能。

文人与笔猴

生活在南宋时期的朱熹（1130—1200）是我国历史上著名的理学家、思想家、哲学家、教育家、诗人。1183年，朱熹在武夷山九曲溪畔的隐屏峰脚下创建武夷精舍，潜心著书立说。其间，朱熹饲养了一只从山中捉来的小猴子，为有些枯燥的学术生活增添了别样的趣味。

这只小猴子身高如笔杆儿，体重不足半斤，生性机灵，惹人喜爱。经过朱熹的苦心驯化，小猴子渐渐地能听懂主人的命令：在书房里，朱熹读书，它就规规矩矩地坐在笔筒上"洗耳恭听"；朱熹要写文章，它就跳下笔筒勤快地研墨；主人外出，它就老老实实、寸步不离地看守书房，不让生人进入。这么乖巧的袖珍猴子真是世上罕见呀！

体形小巧、聪明伶俐、善解人意的小猴子是古代文人的宠物，常被称为笔猴，它还有一个名字叫墨猴，因为能够帮助主人研墨而得名。笔猴一旦累了，就会钻到大笔筒里休息，或钻到抽屉的角落里睡觉。主人只要喂一些豆类、坚果，就能维持笔猴的生命。

古代文人之所以喜欢养笔猴，一是因为它珍奇，且易于饲养；二是它能帮主人研墨、递纸，灵巧而且勤快，大大缓解了古代文人做学问的辛劳和寂寞，是求学生涯中难得的伙伴！

一起动动手

请家长引导孩子独立完成动手活动，并给予鼓励，让孩子能够从他人的反馈中洞悉自我，拓展自我认知智能。

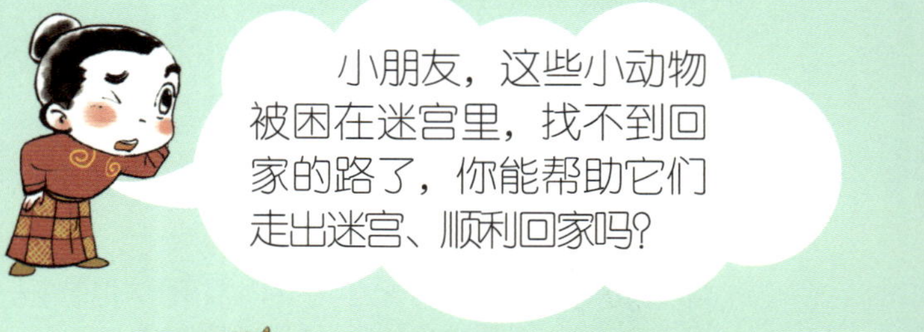

小朋友，这些小动物被困在迷宫里，找不到回家的路了，你能帮助它们走出迷宫、顺利回家吗？

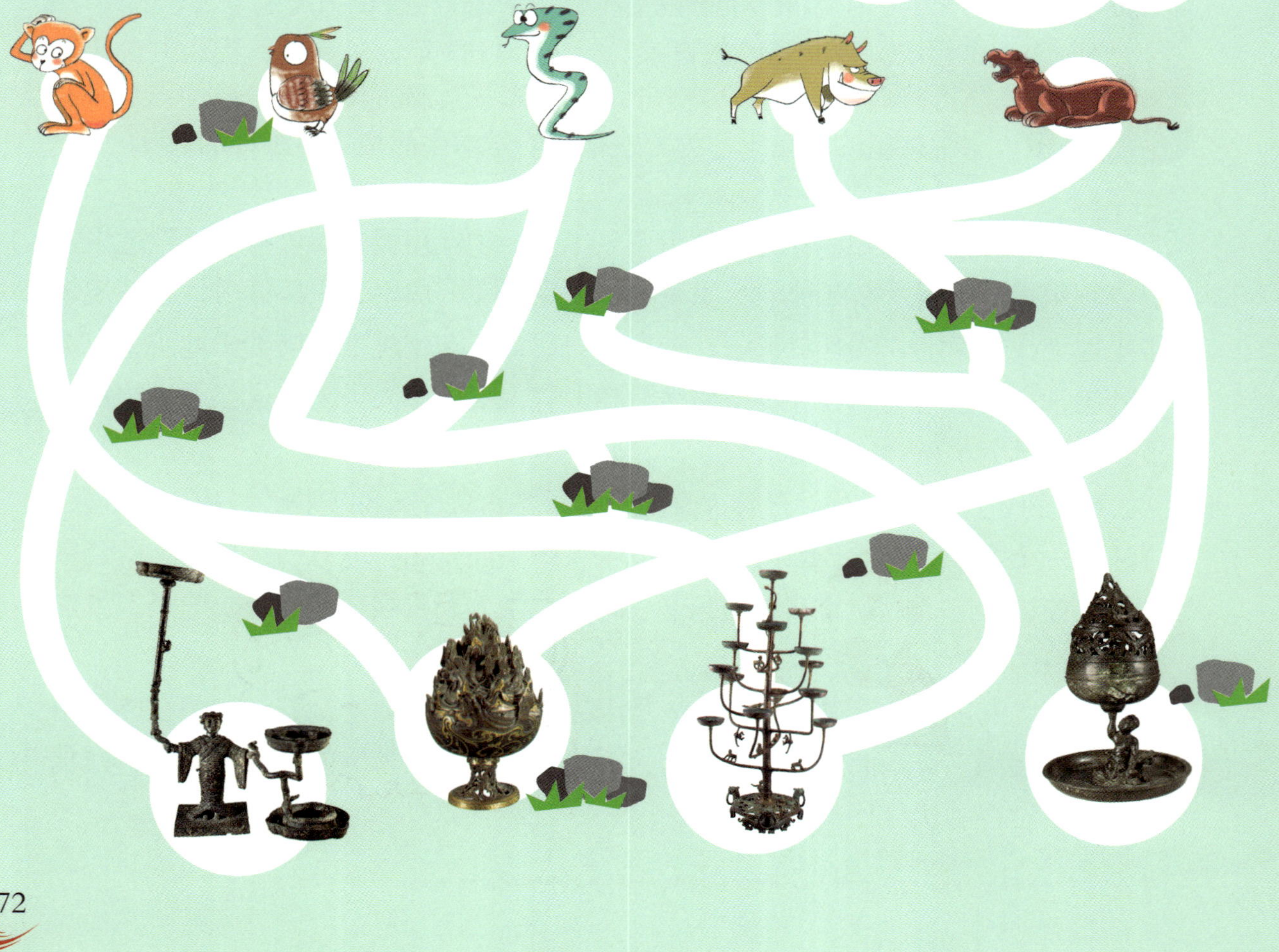

请家长鼓励孩子独立完成拼图任务，提高视觉记忆，拓展身体运动智能。

小朋友，在"游戏宝库"里散落着十五连盏铜灯的部件，你能把它们拼贴成原样吗？赶快动手，把它拼在右边的轮廓线里吧！

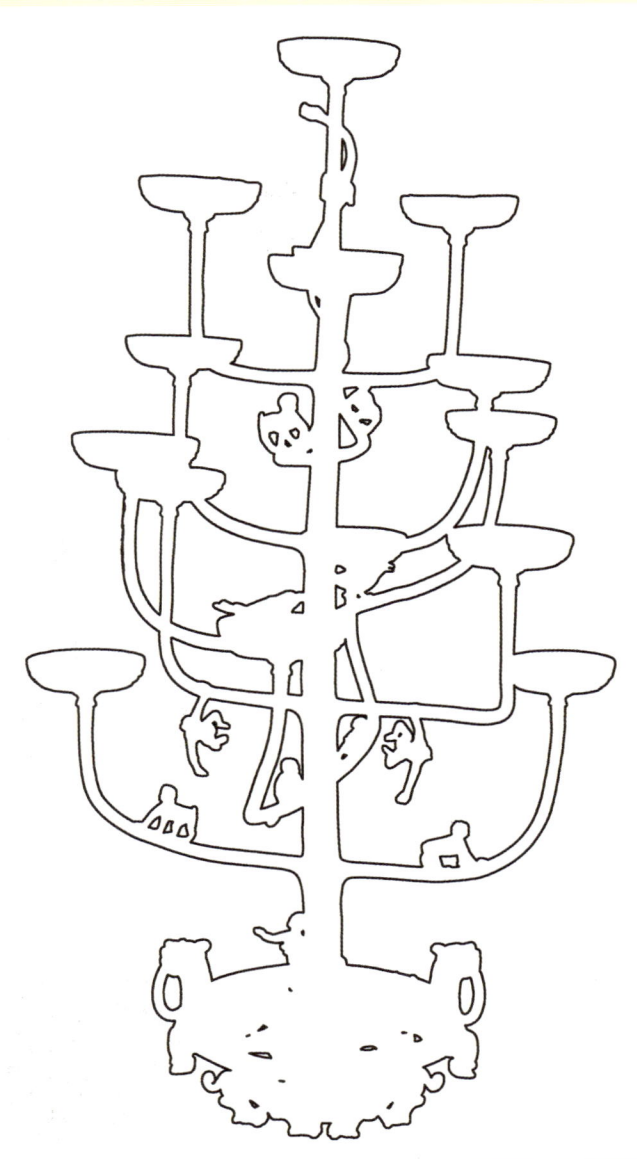

王冠属于谁

请家长鼓励孩子独立完成任务，引导孩子有效表达自己的观点和看法，逐步培养其准确的自我感知能力。

"博物馆里的动物世界"举行了动物评选大赛，小朋友，现在请你做评委，最可爱、最健壮、最神通广大……的动物，快写下你的心中之最，并从"游戏宝库"里找到王冠为他们戴上吧。

最_____的动物　　　最_____的动物　　　最_____的动物

最_____的动物　　　最_____的动物　　　最_____的动物

小朋友，欢迎你来到河北博物院！

河北博物院是国家一级博物馆，是全国爱国主义教育示范基地，还是全国最具创新力博物馆哟！河北博物院依托丰富的馆藏资源，撷取了河北历史上最为精彩的篇章，推出"石器时代的河北""河北商代文明""慷慨悲歌——燕赵故事""战国雄风——古中山国""大汉绝唱——满城汉墓""名窑名瓷""北朝壁画""曲阳石雕""抗日烽火——英雄河北"九个常设展览，每年还会举办多个富有特色的临时展览。

河北博物院以"打造人人共享的快乐型博物馆"为目标，以"快乐建构式的学习"为原则，依托本院丰富的文物资源和本省深厚的文化资源，着力打造系列教育服务品牌，强调品牌项目的个性化和品牌发展的可持续性。目前已形成"快乐学堂""小小美术家 快乐临壁画""博物馆里的动物世界""快乐手工坊""打开博物馆之门——快乐暑期""节庆民俗喜乐汇""青葵剧社""博秀剧场""河博之旅""守望成长 静待花开""文化彩虹桥""传统文化惠万民"和"文博讲坛"等十余个教育服务品牌项目，教育活动丰富多彩，馆校合作持续深入，志愿者工作蓬勃发展，文创产品丰富多样、屡获奖项。

今后，河北博物院还将继续开展精彩的公共教育项目，倾力做好各项公共服务，充分发挥博物馆的社会教育功能，深度激发公众对博物馆的热情，让公众在潜移默化中爱上博物馆！